캥거루 할배와
함께 육아
캠핑 육아

캥거루 할배와
함께육아
캠핑육아

초판 인쇄 2021년 12월 3일
초판 발행 2021년 12월 10일

지은이 이광준
펴낸곳 ㈜스마트북스
출판등록 2010년 3월 5일 | 제2021-000149호
주소 서울시 영등포구 영등포로5길 19, 동아프라임밸리 611호
편집전화 02)337-7800 | **영업전화** 02)337-7810 | **팩스** 02)337-7811
원고투고 www.smartbooks21.com/about/publication
홈페이지 www.smartbooks21.com

ISBN 979-11-90238-75-5 03590

• 일라시온은 ㈜스마트북스에서 만든 인문·교양·에세이 브랜드입니다.

캥거루 할배와
함께육아
캠핑육아

이광준(과 아이들) 지음

일라
시온

헌
사

우리 집안에 널려 있는 행복들에게

이 책과 사랑을 바칩니다.

육아, 그 어려운 일을 해내려는
모든 가족들을 위하여

"다른 집들은 도대체 애기를 어떻게 키우지?"

아기 키우는 게 참 쉽지 않다. 할아버지, 할머니와 고모할머니까지 합세한, 아마 대한민국에서 가장 축복받은 육아환경을 갖추었을 우리 가족에게조차 육아란 쉬운 일이 아니었다. 손주 육아를 맡고나서야 다른 가족들은 어떻게 이 어려운 일을 잘해내기 위해 고군분투하고 있을지 안쓰러운 생각이 들었다. 육아의 방식은 다양하겠지만, 우리처럼 3대가 함께육아를 고민하고 있는 가족이 있다면 우리의 경험담과 함께육아를 시작할 때 도움될 만한 팁들을 나누고 싶어 이 책을 쓰게 되었다.

이 책의 1부는 함께육아를 고민 중인 젊은 부모와 조부모에게 도움될 만한 경험담과 함께 다양한 육아 에피소드를 곁들였다. 2부와 3부에서는 함께육아에서 시작된 전원주택 건축기와 전원주택에서 매 주말 캠핑을 겸한 육아의 즐거움을 이야기했다. 요즘 전원주택 라이프를 꿈꾸는 사람들도 많아지고, 또 전원주택이 아니더라도 캠핑을 즐기는 가족들이 많아졌기 때문에 이들에게 우리의 생생한 경험담을 나

누고 육아와 캠핑의 공감대를 형성하고 싶었다. 우리 가족의 5년간의 함께육아와 캠핑육아의 기록이 육아라는 이 어려운 일을 잘해내기 위해 애쓰고 있을 모든 부모와 조부모님들에게 조금이라도 도움이 되길 바라며, 육아를 조금이라도 더 즐겁게 할 수 있는 계기가 되었으면 좋겠다.

　이 책이 세상에 나올 수 있도록 물심양면으로 도와주신 출판사 관계자분들께 감사드린다. 함께육아와 캠핑육아를 전적으로 지원해주고 함께 해준 아내와 누님, 그리고 딸 부부와 아들 부부에게는 쑥스러워서 평소엔 말하지 못했지만, 이 자리를 빌려 참 고맙고 항상 사랑한다는 말을 전하고 싶다. 사랑하는 손주 삼총사 태민, 재윤, 봄이 언젠가 이 글을 읽게 된다면 할아버지는 언제나 너희 뒤에서 지켜보고 있을 테니 앞으로 당당히 나아가되, 힘들 땐 언제든지 할아버지를 찾아와 쉬어가도 좋다고 이야기해주고 싶다.

　　　　　　　　　　　　　　　　　　　　　　ㄹㅇㄹㅣ년 ㅣㄹ월

　　　　　　　　　　　　　　　　　　　　　　이광준 드림

차
례

머리말 육아, 그 어려운 일을 해내려는 모든 가족들을 위하여 • 6

━━━━━━━━━━━━━ • 1부 • ━━━━━━━━━━━━━

슬기로운 3대 육아생활
3대가 슬기롭게 공존하고 성장하기

엉겁결에 시작된 3대 함께육아 라이프 • 14
생후 70일, 첫 손주가 우리집에 왔다!

손주 육아를 시작하는 할머니, 할아버지들께 • 18
함께육아를 시작할 때 유의해야 할 점들

맞벌이 자녀들과 슬기로운 함께육아 시스템 구축하기 • 28

부모님께 육아를 부탁드리려는 맞벌이 부부들에게 • 34
손주 셋을 특수부대원으로 훈련시키기 • 41
깨알팁 걸음마 아기 목욕 시키는 쉬운 방법 • 116
깨알팁 카시트 적응훈련 • 118

━━━━━━━━━━━━━ • 2부 • ━━━━━━━━━━━━━

함께육아용 전원주택 건축
전원주택 짓기의 A to Z

함께육아에서 시작된 전원주택 건축 프로젝트 • 122
토지 매매에서 전원주택 신축까지 • 125
깨알팁 토지 매매 시 유의할 점 • 128
드디어 건축 시작! 고생길 시작 • 131

—— • 3부 • ——

전원주택 캠핑육아
매 주말 불멍과 함께 활력 재충전

전원주택 육아 라이프 • 138
뛰어놀기 좋은 환경
매일 새로운 하루, 실감나는 계절의 차이
다양한 체험과 감성의 시공간
감기에 잘 걸리지 않는 아이들
어른들은 주말마다 바비큐 파티
작은 생명체들의 존재
육아에 더해 화초 가꾸기, 잔디 관리하기 등 끝없는 집안일

—— • 4부 • ——

그 후 이야기

오잉? 집 지어놨는데 어딜 간다고? • 164
(분명히 열 살까지 맡아주겠다고 했건만!)
따로 또 같이 함께육아는 계속된다 • 167

에필로그 딸 부부와 아들 부부의 이야기 • 171

우리 가족을 소개합니다

할아버지 손주가 예뻐서, 무작정 데려오라고 해서 3대 함께육아의 창시자(?). 아기들 기저귀 갈아주기, 온몸으로 놀아주기(특수부대원 훈련), 청소, 재활용 분리수거 및 쓰레기 버리기, 목욕 시켜주기를 주로 담당했음.

할머니 항상 천사 같은 미소로 한걸음 뒤에서 필요한 모든 것을 준비하고 아이들을 사랑으로 보살핌. 핵심 업무는 병참(영양식) 담당.

고모할머니 늘그막 동생 부부의 육아를 발 벗고 나서 도와준 최우수 육아 지원군이자 손주들에겐 인기 만점 고모할머니.

아들 주말마다 춘천 시내 및 근교 산으로 들로 나가 아이들과 몸으로 놀아주기 담당. 전원주택을 짓고 나서는 힘쓰는 집안일도 주로 하곤 함.

며느리 시댁에서 아이를 키우면서도 항상 유쾌 발랄한 지혜로운 며느리. 삼총사에게도 최고의 놀이 조교이자 2호 외손주가 가장 사랑하는 외숙모.

딸 친정에 분명히 외동아들을 맡겼건만, 졸지에 주말에 애 셋 육아를 담당하게 됨. 위로는 부모님과 고모, 아래로는 동생 부부를 두루 챙기는 분위기 메이커.

사위 다들 전원주택 꿈만 꾸고 있을 때 전원주택 부지 매입에 앞장선 일등 공신. 매 주말 처가에 오는 수고로움도 마다하지 않는 속 깊은 사위.

1호 손주 (태민) 2016년생으로 집안의 첫 손주. 짓궂은 장난꾸러기이면서도 한편으로는 동생들을 살뜰히 챙겨주는 큰 형아/오빠. 가끔 할아버지랑 너무 똑같아서 깜짝 놀람.

2호 외손주 (재윤) 2017년생으로 사실상 외동아들이지만 삼남매 중 둘째처럼 크는 중. 가끔은 형이랑, 가끔은 동생이랑 토닥토닥 다투면서 낀 세대의 설움을 느끼지만, 할아버지가 볼 때는 형이랑도 동생이랑도 잘 놀아주는 귀염둥이 둘째!

3호 손주 (봄) 2018년생 애교쟁이 막내 손녀. 때로는 애교로, 그보다는 자주 목청과 고집으로 오빠 둘을 꼼짝 못하게 만드는 야무짐 담당. 할아버지는 3호를 보며 딸의 어린 시절을 회상하곤 함.

우리 가족을 소개합니다

1부

슬기로운 3대 육아생활

3대가 슬기롭게 공존하고 성장하기

엉겁결에 시작된
3대 함께육아 라이프

생후 70일, 첫 손주가 우리집에 왔다!

예순 넘어 살면서 항상 느끼는 것은 인생은 계획대로 되지 않는다
는 것이다.

지난 5년간 우리 가족은 세 명의 손주들을 따로 또 같이 '함께육아'
를 해왔고, 내친 김에 전원주택까지 건축해서 주말 '캠핑육아'까지 즐
기게 되었다.

우리 가족도 3대가 함께육아, 거기다가 전원주택 짓기를 처음부터
모두 계획한 것은 아니었다. 다만, 아내와 나는 아이들을 좋아하고 또
건강한 편이었기 때문에 자녀들이 원한다면 손주 육아를 맡아줄 수
있다는 입장이었을 뿐이었다. 아들 부부가 첫 손주를 임신했을 때에도
당초에는 며느리가 육아휴직을 내고 손주를 키우겠다고 해서 그러려
니 하고 있었다.

그런데 손주가 태어났다는 소식을 듣고, 손주를 보러 다녀오는 길에 이 갓난아이가 자꾸 눈에 어른거리는 것이 아닌가? 며느리가 혼자 서울에서 휴직하고 아이를 본다고 하니 왠지 안쓰러운 마음도 들어 우리 부부는 며느리가 휴직하기 전에 손주를 맡아주겠다고 넌지시 제안해 보았다. 아들 부부가 고민 끝에 우리와 함께 아이를 키워 보기로 결정하면서 예정에 없던 5년간의 함께육아 생활이, 그렇게 '순식간에' 시작되고야 말았다. 대책 없이 시작된 함께육아는 또 '순식간에' 아이가 세 명으로 늘어나게 된다.

우리는 함께하게 된 아이들을 1호, 2호, 3호라고 부르곤 했다. 1호는 우리의 첫 손주 태민이다. 1호를 맡아 키우다 보니 금세 손주와 듬뿍 정이 들었고, 이왕 손주 키우는 김에 곧 출산을 앞둔 딸 부부에게도 기꺼이 아이를 키워주겠다고 했다. 그렇게 태어난 지 90일 남짓 되어 우리집에 합류한 아이가 2호 외손주이다. 그런데 2호가 할아버지 육아센터에 입소할 무렵 1호의 동생이 생겼다는 기쁜 소식이 들려왔다. 막둥이 3호 친손녀까지 오빠들과 함께 우리가 맡아 키우게 되면서 2016년, 2017년, 2018년에 태어난 연년생 삼총사를 돌보게 되었고, 동시에 주말마다 내려오는 자녀들과 함께하는 따로 또 같이 함께육아 시스템이 시작되었다.

● 아들 부부 이야기

저희는 결혼하고 2년 만에 아이가 생기게 되면서 어떻게 하면 잘 키울 수 있을까를 계속 고민했어요. 임신기간 내내 아무리 고민해도 정답은 없는 것 같더라고요. 부부 둘 다 누구의 도움을 받는 것보다는 우리 힘으로 해보자는 마음으로 방법을 생각해 봤어요. 현실적으로 저희가 선택할 수 있는 옵션은 1. 엄마의 1년간의 휴직, 2. 어린이집, 3. 두우미 아주머니 이렇게 세 가지였습니다.

100일도 안된 아가를 어린이집에 맡기는 것도 마음이 편치 않을 것같고, 고민 끝에 아이가 태어나고부터 처음 1년간은 엄마가 휴직하기로 했는데, 아이 엄마의 출산휴가가 끝나기 전에, 감사하게도 부모님께서 아이를 돌봐주실 수도 있으니 한번 생각해 보라고 말씀해 주셨어요.

저희로서도 쉽지 않은 결정이었지만, 엄마의 1년 휴직 이후의 육아도 막막했던 터라 언제나 아이를 사랑으로 대해줄 수 있는 할아버지, 할머니를 믿고 주말육아를 시작하게 되었습니다.

● 딸 부부 이야기

서울에서 일하는 맞벌이 부부였기 때문에 원래는 입주 도우미 아주머니와 함께할 계획이었어요. 그래서 출산을 앞두고 입주 도우미 아주머니가 지낼 방이 있는 집으로 이사를 하기도 했고요. 그런데 춘천에 계신 부모님께서 아기를 키워줄 테니 맡기라고 하셨을 때 감사했지만 한편으론 고민도 되었죠.

"아기를 주말에만 볼 수 있어도 괜찮을까?"
"우리가 주말에만 아기를 보러 가면 아기가 엄마, 아빠를 낯설어하지 않을까?"

그런데 아기 엄마가 복직하게 되면 이른 출근과 늦은 퇴근으로 주중엔 어차피 잠든 아기 얼굴만 볼 수 있었을 거예요. 그래서 엄마인 제가 주중에 아기를 보고 싶은 마음을 참을 수만 있다면 아기가 깨어 있는 시간 동안에 입주 도우미보다는 할머니, 할아버지와 함께 보내는 게 아기를 위해서 더 낫지 않을까라는 생각을 했고요.

두 번째 고민은 지금 와서 생각하면 참 쓸데없는 고민이었습니다. 주말에만 만나도 아기는 용케 엄마, 아빠를 알아보고 굉장히 반가워해 주더라고요. 오히려 할머니, 할아버지가 서운해 하실 정도였어요.

손주 육아를 시작하는
할머니, 할아버지들께

함께육아를 시작할 때 유의해야 할 점들

생명의 탄생은 모두가 축하해야 할 일임에 분명하건만, 요즘은 아이를 키우는 게 참 쉽지 않은 세상이다. 가족 모두가 힘을 합쳐야 될까 말까 한 일인데도 회사일로 바쁜 맞벌이 부부에, 양가 부모까지 다른 지역에 사는 경우가 많아 아이가 생겨도 임신 기간 내내 키울 일을 걱정하는 게 현실인 것 같아서 안타깝다.

그렇게 생각하면 우리 가족은 모든 면에서 참 운이 좋았다. 우리 자녀들 역시 회사일로 바쁜 맞벌이 부부에 양가 부모까지 다른 지역에 사는 경우에 해당하지만, 그래도 춘천은 서울에서 가깝고 우리는 건강한 편이었으니 말이다. 모든 사람이 각자 처한 상황이 다르기 때문에 인생과 육아에 있어 정답이란 건 없는 것 같다. 다만, 우리 가족은 삼총사의 탄생이라는 선물을 받고 이렇게 대처했을 뿐이다. 가족과 함께 육아를 고려해보는 다른 가족들에게 우리의 경험이 작으나마 도움이 되길 바란다.

손주 육아를 즐겁게 하기 위한 전제조건

할아버지, 할머니가 손주 육아를 할 마음의 준비가 되어 있어야 한다

가장 중요하다. 요즘은 할아버지, 할머니가 육아보다는 본인의 취미활동 등 다른 가치관을 추구하는 경우가 많기 때문에 할아버지, 할머니의 자율적인 의사가 가장 중요하다. 나와 아내는 원래 아이들을 워낙 예뻐했기 때문에 손주 육아를 자처했지만, 그렇지 않은 할머니, 할아버지들도 많으므로 각자의 의견을 존중해야 한다.

할아버지, 할머니가 건강해야 한다

아무리 손주가 예뻐도 내 몸이 아프면 만사 귀찮아질 뿐이다. 육아는 아무래도 체력적으로 버거운 일이기 때문에 할아버지, 할머니가 마음이 아무리 앞서더라도 몸이 건강해야 감당할 수 있다. 테니스를 좋아하는 나는 매일까지는 아니더라도 주말이면 테니스 모임에 나가려고 노력했고, 아내는 체조 운동을 일주일에 세 번 정도 빠지지 않고 참석하면서 건강관리를 꾸준히 했다.

육아에서 가장 중요한 것은 체력!

특히 할아버지가 육아 및 집안일을 적극적으로 해야 한다

손주 육아를 맡았을 때, 할아버지는 육아를 나 몰라라 하고 할머니가 육아와 집안 살림까지 다 떠맡게 되는 경우가 있는데, 그러면 할머니의 부담이 가중될 뿐이다. 할아버지가 육아와 집안 살림 일을 최소

절반은 맡는다는 적극적인 마음가짐을 가져야 한다. 대부분의 할아버지가 그렇듯이, 나도 요리를 잘하는 편은 아니다. 하지만 요리가 아니라도 할 수 있는 집안일은 매우 많다! 청소, 장보기, 재활용 분리수거와 쓰레기 버리기, 아이와 놀아주기, 우유 먹이고 트림 시키기, 기저귀 갈아주기, 목욕 시키기, 재우기 등 할아버지가 할 수 있는 일은 적극적으로 나서야 함께육아 시스템이 원활히 돌아갈 수 있다.

가족 간에 서로 오픈 마인드를 가져야 한다

아무리 가족이라도 모두 성인이기 때문에 각자의 생각에 차이가 있을 수 있다. 특히 이미 독립해서 장성한 자녀와는 함께하는 시간이 늘어날수록 부딪히는 시간도 늘어날 수밖에 없다. 그러나 손자녀를 잘 키우기 위해 또다시 모이게 된 공동체인 만큼 모두가 서로의 생각의 차이를 받아들이고 배려하려는 적극적인 마음가짐이 필수이다.

예를 들어 우리 아내는 주말마다 자녀들이 내려와서 이유식을 만든다거나 요리를 한다거나 하면서 주방을 난장판으로 만들어도 이해를 해주었다. 살림하는 주부가 주방을 자유롭게 내준다는 것은 생각보다 어려운 일이라는 것을 난 나중에서야 알게 되었다. 주말마다 내려오는 자녀들도 할아버지, 할머니의 양육방식을 잘 이해해주고 존중해줬기 때문에 함께육아를 하면서 생길 수도 있었을 가족 간 갈등을 최소화할 수 있었다고 생각한다.

손주 육아 시 주의할 점

여행시 사전 스케줄 조정은 필수

하루 중 잠깐 운동이나 외출 등은 괜찮았지만 친구들과 2박 3일 여행을 떠나는 등 피치 못하게 집을 비워야 할 경우가 생기면 미리 자녀들과 스케줄을 서로 조정하는 게 필수다. 할머니, 할아버지가 집을 며칠간 비워야 하면 우리에게 아이를 맡기 자녀들은 연차를 쓰고 아이를 돌보러 와야 하기 때문에 자녀들도 회사 업무상 일정을 비울 수 있는지를 미리 확인해야 한다. 그만큼 집을 비우는 일이 할아버지, 할머니에게도 부담이 되고, 여행을 좋아하는 할아버지, 할머니들에게는 단점이 될 수도 있다.

정리정돈은 어느 정도 포기할 줄 알아야 속 편하다

아이들이 한창 크는 무렵에는 집안의 모든 것에 호기심을 갖기 때문에, 아무리 깨끗하게 치워놓아도 아이들이 어린이집에서 돌아오고 나서 10분만 지나도 집안이 엉망진창 난장판이 되어버린다. 말 그대로 돌아서면 어지르는 것이다.

특히 주말에 자녀들까지 합세해서 일주일간 못 놀아준 만큼 준비해 온 놀이를 하면서 아이들과 시간을 지내다 보면 더욱더 집안은 어질러질 수밖에 없는데, 이럴 때 스트레스 받지 말고 어느 정도 내려놓을 줄 알아야 한다. 이뿐만 아니라 벽의 낙서, 스티커, 바닥의 스크래치 등

등 관련해서도 아기들은 원래 그러면서 크는 것이려니, 하고 마음을
비워두어야 한다.

전원주택 신축 후 새집에 입주한 지 한 달쯤 되었을 무렵, 1호와 2호 손
주가 합동해서 안방 벽에 남겨준 예술작품…. 허허허 그저 웃지요.

평소에는 조금 내려놓되 매주 하루는
꼭 대청소를 해야 하는 이유

이런 전제조건을 충족하고, 주의할 점을 알고 나면 다음과 같은 장점을 누릴 수 있다!

함께 손주 육아의 장점

예쁜 손주들을 실컷 볼 수 있다

가장 큰 장점이 아닐까? 우리가 손주 육아를 맡지 않았더라면 손주를 볼 수 있는 날들이 1년에 며칠이나 되었을까? 특히 아이가 세 살까지 예쁜 짓으로 평생 효도를 다 한다던데, 우리는 외손주, 친손주들의 그 예쁜 시절을 독점하다시피 했으니 사돈 어르신들께 죄송하다는 생각이 들 때도 있다.

자녀들도 자주 찾아온다

주말마다 (물론 제 자식 보러 오는 것이긴 하지만 어쨌든) 자녀들이 찾아오니 자연스럽게 대화를 많이 하게 된다. 매 주말 손주들을 재우고 나면(요즘 말로 육퇴!) 자녀들과 함께 맥주 한잔 하면서 도란도란 이야기를 나눌 수 있는 기회가 많아진다. 전화로 하기에는 사소하고 꺼내기 어려운 이야기들도 저녁에 앉은 자리에서 공유하게 되니 자연스럽게 자녀들과의 친밀도도 더 높아졌다. 나는 이것도 큰 복이라고 생각한다.

흔치 않은 대가족 체험의 장

원래는 외동, 남매로 살아야 했을 손주들이 삼총사로 함께 자라면서 고모할머니뿐만 아니라 고모, 고모부, 외숙모, 외삼촌을 주말마다 만나게 되고, 가끔은 근처에 사시는 왕할머니(나의 어머니)까지 찾아뵈니 대가족의 정을 느낄 수 있게 되었다. 요즘같이 핵가족이 많은 시대에 다양한 가족 구성원과 지내며 정을 쌓는 것도 아이들이 가족 내에서 서로 다른 역할을 겪어 보며 성장하게 되므로 유익한 점이 많다고 생각한다.

육아 품앗이가 가능하다

한 명의 어른이 한 명의 아이를 돌보는 것보다, 여러 명의 어른이 여러 명의 아이를 돌보는 것이 한층 수월한 법이다. 우리의 경우 주말마다 여섯 명의 어른이 세 명의 아이를 돌보는 셈이었다. 내가 테니스를 치러갈 때나 아내가 약속이 있어 나갈 때면 주말에 제 부모들이 손주를 보는 것은 당연한 일이지만, 간혹 딸 부부가 약속이 있을 때는 아들 부부가, 아들 부부에게 바쁜 일이 있을 때는 딸 부부가 조카들을 돌봐주었다. 이런 육아 품앗이도 함께육아의 장점이 아닐까 싶다.

우애 좋은 사촌지간인 2호와 3호

···

맞벌이 자녀들과 슬기로운
함께육아 시스템 구축하기

할아버지, 할머니에게도 육아 도우미가 필요하다

1호 손주 한 명만 키울 때는 아내와 내가 둘이서 해도 충분했다. 아기가 어렸기 때문에 때 맞춰서 우유 주고 기저귀 갈고 목욕을 시켜 재우는 정도였으니까. 그런데 2호 외손주가 합류할 때쯤 겨우 8개월 차이에 불과한데도 둘의 낮잠 사이클도 다르고, 둘이 동시에 울어서 식사 준비가 어려울 때가 있는 등 아내와 나 둘만으로는 버거워지기 시작했다.

그맘때쯤 감사하게도 근처 사시는 누님(손주들에게는 고모할머니)이 낮 시간에 와서 도와주실 수 있는 상황이 되었다. 어른 셋이 아이 둘을 보게 되니 아이를 돌보는 일이 한결 수월해졌다. 3호 막내 손녀까지 올 때쯤에는 서울에서 일하던 며느리가 춘천으로 발령이 나서 함께 살기도 했고, 며느리가 서울로 돌아갈 시점에는 딸아이가 내려오기도 했다. 이처럼 우리 가족은 참 운이 좋아서 손주 셋을 키우는 동안 주양육자 2명(아내와 나) 그리고 도우미 1~2명(누님과 며느리, 딸이 교대로)이 힘을 합칠 수 있었다.

만약 우리가 누님한테 도움을 받지 못했더라면 세 명의 손주를 보는 일이 한층 더 힘들었을 것이다. 아이가 2명 이상이라면 낮 시간만이라도 도우미의 도움을 잠깐이나마 받는 편이 할머니, 할아버지의 부담이 덜해서 좀 더 즐거운 육아가 되지 않을까?

육아 일지 작성하기, 서울 자녀들과의 통신수단 구축하기

생후 70일 된 첫손주를 키우기 시작하면서 나는 한글 파일에 육아일지를 작성해 나갔다. 처음에는 매일이 비슷하게 반복되다 보니 어제가 오늘 같고, 오늘이 내일 같은 마음에 오늘은 아기가 얼마나 먹었는지, 응가는 잘했는지 등 건강상태를 확인하기 위해서 짧게 메모를 하기 시작한 것이었다. 점점 쓰다 보니 부모들이 서울에서 얼마나 아기가 보고 싶겠나, 하는 마음이 더해져 그날그날의 컨디션까지 보태 일지를 쓰곤 했다.

단톡방 구축은 기본. 이 단톡방에 아기의 사진과 컨디션을 매일 올리면서 서울에 있는 자녀들에게 아기의 근황을 보고하는 것이다. 자녀들도 우리를 믿고 손주를 맡기기는 했지만 손주들이 어떻게 지내는지 궁금할 텐데 매일 물어보기도 죄송스러울 수 있지 않을까? 단순히 '잘 지낸다'라는 단답형 대답보다는 어제와 비교해서 뭔가 달랐던 점이라든지, 뒤집기를 했다거나 엄마라고 말했다 등의 특별한 이벤트는 그 순간마다 전하려고 노력했다.

주말 대가족 식사 준비 분담하기

금요일 저녁이 되면 서울에서 아들네 부부와 딸네 부부가 아기들을 보러 내려왔다가 일요일 밤에 다시 서울로 올라갔다. 주말엔 북적북적한 대가족이 모이는데 이때 대가족의 식사도 준비하는 입장에서는 사실 부담이 될 수 있기 때문에 요령이 필요하다.

우리 부부는 보통 아침식사는 생략하는 편이고, 아들네와 딸네도 주말에는 늦잠을 자는 편이어서 주말에는 아점과 저녁 두 끼만 준비하면 됐다. 그래서 아점은 먹던 대로 아내가 차려주거나 시리얼 등으로 가볍게 먹기도 했지만 토요일 저녁식사는 아들 부부가, 일요일 저녁식사는 딸 부부가 알아서 준비하기로 합의했다. 직접 요리를 해도 되고, 먹고 싶은 음식이 있으면 배달을 시켜도 되고, 외식을 해도 되고, 뭐든 준비하는 사람 마음이다.(그리고 먹는 사람은 뭐든 감사히 맛있게 먹는다는 것도 합의에 포함했다.^^) 물론 식사준비 후 설거지 뒷정리까지 분담했다.

이렇게 자녀들에게 주말 저녁식사 순번을 정해주고 나니, 오늘 저녁은 뭘 해줄지 궁금하기도 하고, 또 모르는 메뉴를 뚝딱 만들어 올리는 걸 보니 신기하기도 했다. 제법 맛도 있어서 우리 애들이 어디서 요리를 배운 건지 궁금했는데 인터넷에 찾으면 레시피가 다 나와서 하라는 대로만 하면 이 맛이 난다는 신기한 답변이 돌아왔다.

　또 하나 신기한 점! 처음에는 이렇게 제안하고는 당연히 요리는 딸과 며느리가 할 줄 알았는데, 자세히 관찰해 보니 그런 것도 아니었다. 요즘 맞벌이 부부들은 둘 다 살림을 해본 적이 없고 요리도 잘 모르니 둘 중에 요리를 좋아하는 사람이(또는 먹고 싶은 메뉴가 있는 사람이) 인터넷에서 레시피를 찾아서 음식을 한다는 것을 알게 되었다. 우리 자녀들은 보통 사위와 아들이 요리를 하고, 딸과 며느리가 설거지를 하는 것을 보고 또 깨달은 바가 있었다. 그 이후로 점심 설거지는 주로 내가 도맡아서 하려고 노력한다.

금요일은 대청소하는 날

금요일마다 누님, 아내와 나는 대청소를 하느라 분주했다. 매주 금요일이면 서울에서 자녀들이 내려오기 때문에 위생상태가 불량하면 자칫 손주들을 데려간다고 할까봐 걱정이 되었기 때문이다. 아기들과 함께 지내면서 매일같이 반짝반짝한 상태를 유지하긴 어렵지만(반짝반짝하게 청소를 해도 뒤돌아서면…. 아기를 키워본 사람들이라면 다들 알 것이다^^) 청결한 환경 역시 아이를 키우는 데에 몹시 중요한 요소이므로, 일주일에 한번 정도는 마음먹고 청소하는 날을 정해놓는 게 좋다.

슬기롭게 명절 지내는 방법

손주들이 생기기 전부터 우리는 명절을 몰아서(?) 지냈다. 설 연휴에는 아들 부부와 딸 부부 모두 춘천에서 모이고 추석은 사돈댁에 가서 지내는 것이었다. 짧은 명절 연휴 동안 양가를 다 오가게 되면 우리 자녀들은 길에다 시간을 다 허비하느라 힘들 테고, 우리는 한 번에 모이면 딸 부부와 아들 부부를 한자리에서 볼 수 있어 좋으니 그렇게 정한 것이었다. 이는 물론 사돈 어르신들의 전폭적인 지지와 이해 덕분에 가능했다.

그런데 3대 함께육아 라이프를 시작하면서 우리 가족들은 매주 모이게 되니 명절은 모두 아기들과 함께 사돈댁에서 지내도록 했다. 우리는 어차피 매 주말 만나니까 연휴만이라도 여유 있게 사돈댁으로 가도록 하면 맞벌이 자녀들이 덜 힘들지 않을까? 물론 아내와 나는 조금 썰렁하고 허전한 명절을 맞아야 했지만 곧 돌아올 손주들을 기다리며 명절 연휴를 대청소 및 재충전의 기회로 삼았다.

추석 명절 떠나기 전 신난 1호와 2호.
잘 다녀오거라.

부모님께 육아를 부탁드리려는
맞벌이 부부들에게

● 딸 부부 이야기

가장 중요한 것은 부모님의 건강 상태와 부모님의 선택인 것 같습니다. 만약 부모님께서 건강이 좋지 않으시거나 또는 손주 육아를 맡기를 원하지 않으셨다면 함께육아를 시작하지 못했을 거예요. 저희는 감사하게도 부모님께서 건강하셨고 적극적으로 손주 육아를 원하셨기 때문에 가능했고요. 가족 구성원의 자발적인 참여가 가장 중요한 것 같아요.

주양육자는 부모님으로 존중해드리자

육아 방식은 부부간에도 다를 텐데 세대차이가 나는 부모님과 차이 나는 건 너무나 당연합니다. 예를 들어 저희는 아기가 식사시간에 잘 먹지 않고 돌아다니면 엄격하게 하고 싶었는데, 할머니, 할아버지 입장에서는 아기를 쫓아다니면서 밥을 먹이시더라고요. 그런데 어차피 부모는 주말에만 아기를 보는 입장에서 주말만 다르게 훈육을 하는 게 무슨 소용이 있을까 싶었어요. 그리고 식사문제는 아기가 어느 정도 커서 말귀를 알아들으면 나아질 문제라고 생각해서 부모님의 방식을 존중해드리기로 했고요. 육아를 책으로만 배운 젊은 아빠, 엄마보다도 실전 육아 경험이 많으신 할아버지, 할머니의 방식을 최대한 존중해 드리는 게 맞다고 생각했어요.

부모님을 배려하자

자식으로서 그나마 신경쓴 부분이 있다면 주말에 시장을 봐서 냉장고를 채워놓는 것, 그리고 주말마다 일주일치 이유식을 만들어서 냉동해두고 가는 것 정도였어요. 사실 주말마다 온가족이 북적거리면서 집안을 어지럽혔는데 청소하는 부분은 많이 배려를 못 해드렸던 것 같습니다.^^;;

가까운 사이일수록 돈 관계는 확실하게 하자

부모님의 수고로움에 대해 그냥 말로만 감사함을 표현할 게 아니라 어느 정도는 양육비를 드리는 것이 좋다고 생각해요. 양육비를 드리는 것이 제 입장에서는 부모님에 대한 감사한 마음을 표현한 것인데도, 가만 보면 손주 육아용품 구입에 많이 쓰신다는 것을 알겠더라고요. 매일 같이 있지 않다 보니 제가 미처 몰랐지만 아이를 키우면서 필요한 물건들이 있었던 것 같아요. 이왕 양육비를 드리기로 했다면 정해진 날에 약속된 액수를 정확하게 드리는 게 좋겠죠.

● 아들 부부 이야기

지나고 나서야 보이는 것들이 있지요. 저희 역시 그때는 몰랐지만, 이제서야 '그때 알았더라면 좋았을 걸' 싶은 것들이 많습니다.

자신의 판단을 믿자

일단 객관적으로 할머니, 할아버지가 주양육자로서 아기 양육이 가능한지는 부부가 판단해야 된다고 생각합니다. 육아는 장기 레이스!! 자녀가 볼 때는 부모님이 여력이 되시는 것 같은데 안 봐주신다고 서운해 하는 것도 안 될 일인 것 같고요.(요즘에는 건강 상하신다고 안 봐주시는 부모님도 많다고 들었습니다.) 그렇다고 건강이 안 좋으신데도 불구하고 자녀를 위해서 무리해서 손주 육아에 발 벗고 나서는 경우에도 말려야 한다고 봅니다.

일단 부모님께서 손주 육아를 해주시기로 결심을 해주셨다면 주변의 소음에 흔들리지 않으시기를 바랍니다. 저희도 '아이는 엄마가 키워야 된다', '떨어져 살면 정이 안 붙는다' 등 부정적인 조언도 많이 들었지만 육아에 정답은 없으니까요. 저희는 우리가 처한 상황에서 안정적으로 육아를 할 수 있는 최선의 방법이었다고 생각합니다.

집안일에도 신경쓰자

아이를 키우면서 힘든 일 중에 하나는, 단순히 아이와 놀아주기만 하면 되는 것이 아니라 육아와 집안일을 같이해야 한다는 점인데, 저희는 부모님 댁에서 아이를 키웠기 때문에 집안일에서는 거의 자유로웠다고 해도 과언이 아닙니다.

다시 시간을 돌릴 수 있다면 집안일에도 신경을 썼을 것 같아요. 보통 양가 부모님께서 아이를 봐주시는 경우에, 맞벌이 부부가 퇴근하고 돌아오면 아이 얼굴 보고 씻고 자는 게 거의 전부인 경우가 많은데, 그러면 또 낮시간에 부모님은 집안일까지 다 하셔야 되겠더라고요. 육아공동체의 입장에서 해야 하는 일을 제가 안하면 다른 누군가가 해야 되니까요.ㅜㅜ

그런데 주말에 아이를 보는 시간만으로도 부족했던, '주말 육아'만 하는 저희 입장에서는 아이를 볼 수 있는 시간이 한정되어 있는데 아이를 안 보고 집안일을 한다는 것도 쉽지 않더라고요. 저희와 비슷한 상황에서 육아를 하시는 분들이라면 가사 도우미를 적극 이용하는 등의 팁도 생각해볼 수 있을 듯합니다.

필요한 물건은 제때 구비해 놓자

아이의 발달단계에 따라 필요한 '국민 육아템' 같은 것은 (할아버지, 할머니보다는) 엄마, 아빠가 잘 아니 그때그때 검색해서 마련해 놓으면 좋아요. 사실 저희 같은 주말육아뿐만 아니라 부모님이나 어른들과 육아를 하는 모든 부부에게 해당되는 얘기입니다.

저는 인터넷으로 물건을 너무 많이 배송시켜서 부모님께서 이제 그만 사라고 하실 정도였는데요.^^; 잘 만든 육아템은 30분이라도 부모님을 편하게 해드리니 필요한 아이템은 구비해 놓는 게 좋다고 생각해요. 또한 할머니, 할아버지께서 아이를 보면서 장보러 나가시기도 어렵고 인터넷 쇼핑도 잘 안하시는 경우가 많으니, 기저귀 같은 필수품은 갑자기 떨어져서 마트에 가야 하는 일이 발생하지 않도록 정기적으로 체크하고 늘 구비해 놓는 등 전반적인 물자 관리(?)를 해주면 좋지 않을까 싶어요.

늘 감사한 마음을 표현하자

한참 육아 중인 또래들의 주변 사례들을 보면, 주로 친정 부모님께 아이를 맡기면서 서로 서운함이 폭발하는 경우가 많더라고요.(친정엄마와 딸이라는, 특별히 친밀한 관계라서 더 그런 것 같습니다.) 가까운 사이고, 고마운 존재이기 때문에 더 그 노고를 인정해 드려야 되는 것 같아요.

말하지 않아도 내 마음을 알아주려니 하다가 몰라주니 더 서운하고 갑자기 감정이 폭발하는 것보다는 평소에 감사한 마음을 표현하는 것이 좋다고 생각합니다. 부모님도 많은 것을 희생해서 자식을 이미 키우셨는데, 그것도 모자라 손주까지도 키워주시니 참 감사한 일이지요. 따뜻한 밥 한 끼라도 해드리고, 생각날 때 손편지까지는 아니어도 문자나 카톡을 보내는 것만으로도 부모님과 마음이 통할 수 있을 것 같습니다.

함께육아의 일등공신 누님(고모할머니)께 조금이나마 감사의 마음을 표현하기 위해
자녀들이 준비한 누님 생신상

• • •

손주 셋을 특수부대원으로
훈련시키기

    손주들을 키우면서 나는 SNS에 손주들의 육아일기를 올리는 데 재미를 붙이기 시작했다. 손주들 사진을 그냥 올리면 심심하니까 우리집에 온 손주들을 특수부대원으로 훈련시키는 컨셉 등 상상의 나래를 펼쳐봤는데 페친들의 반응이 좋았다. 그 중 일부를 여기에 소개한다.

캥거루 할배의 시작! 미래의 특수부대원 1호 손주와 함께

"울 할아버지 술 한 잔 걸치시면 이렇게 하시던데."
아이들 앞에선 항상 조심!

영국 왕실 초청, 할배 손주 복식 테니스 대회에 초청을 받았습니다.
우승 상금 10만 파운드….
손주와 저는 시드 배정을 받아 16강에 이미 진출한 상태입니다.
2027년 5월 29일 런던타임스에 이런 기사가 크게 실렸으면 좋겠습
니다.
손주바보 할배의 발칙한 상상(?)은 오늘도 무한한 나래를 폅니다.

이 팔베개를 베고 잘 그대여!
지금 어느 곳에서 무엇을 하고 지내느냐.
꿈길 카페에서 만나 커피, 아니 분유라도 한 잔 하면
서 우리 미래를 설계하자.
아가야, 그대는 아직 태어나지 않았을지도 몰라.

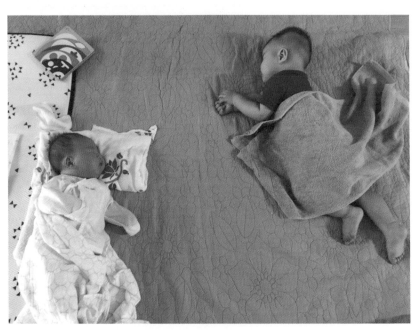

생후 10개월 된 1호 친손주와 생후 두어 달 된 외손주가 함께 낮잠을 잡니다.
1호 친손주가 2호 외손주에게 단단히 이릅니다.
"같이 자고 같이 일어나야 할아버지가 덜 힘드셔. 알았지? 쿨쿨."
"알았어. 형. 새근새근!"
다음 달부터는 두 녀석을 같이 키워야 한답니다.

이게 1호 손주 하루치 식량입니다.
"할아버지, 반주 한 잔만 하면 안 될까요?"
"반주? 좋지! 분유 700cc 곁들여 줄게."

"나도 벤츠 한 번 타 보잣."
1호 손주 몰래 타다가 들켰습니다.
"어? 에! 이거 급발진 테스트 하는 중이야."
핑계가 좀… 궁색하지요?

오늘부터는 식구가 하나 더 늘었습니다.
1호 친손주(왼쪽)와 2호 외손주(오른쪽) 두 녀석을 함께 키웁니다.
대한민국의 씩씩하고 용감한 사나이로 키워내겠습니다.

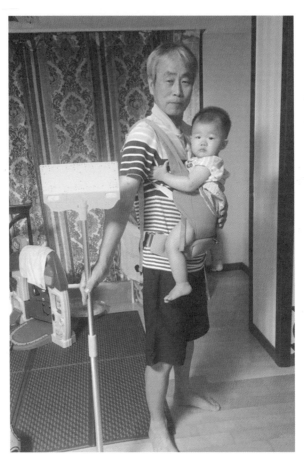

"걱정할 것 하나도 없어, 할아버지가 다 알아서 할게."
손주, 겁먹은 표정이 역력하지요?
공수훈련 하는 날이냐고요?
아닙니다. 집안 대청소하는 날입니다.

할머니께서 자두를 사오셨습니다.
맛있는 자두!
하나 씻어서, 할아버지께….

손주의 표정이 심상치 않습니다.
우수에 젖은 눈매가 애처롭지요?
"아가야, 무슨 고민이라도 있니?"
"할머니…… 아무래도 제가 사랑에 빠졌나 봐요."

'형아! 이게 〈백조의 호수〉 연습하는 거야?'
'아냐, 〈호두까기 인형〉일 걸.'
1호, 2호 손주들에게 유격훈련을 시키고 있습니다.
오늘은 '좌로 굴러, 우로 굴러!'

"너만 알고 있어야 해! 할아버지가 있잖아? … 응 응? … 그랬대! 놀랬지?"
"어? 그랬대? 정말이야?"
손주들이 할아버지의 비밀 이야기를….

"형님 먼저!"
"아니 동생 먼저!"
장난감을 서로 양보하냐고요? 아닙니다. 대화를 정리해보겠습니다.
1호 손주(11개월): "형님 먼저!"
2호 손주(5개월): "아니 동생 먼저!"

한 모금만….
애타는 1호 손주!
두 손 모아 공손하게 무릎까지 꿇었지만…
무정한 할미!

"이마가 바닥에 닿도록 해야 돼!"
"이… 이렇게…? 근데, 이거 왜 하는 거지, 형아?"
"나도 몰라!"
1호 손주가 2호 손주에게 기초예절을 가르치고 있습니다.

"할아버지, 저도 안아주세요."
"형아 올라오지 마, 엄청 불편해!"
앗, 그런데 1호 손주가 어딜 꼬집는 거지?

평창동계올림픽을 본 손주들이 컬링에 매료되었습니다.
우리는야, 컬링 꿈나무!

"야 ～～～ 울 아빠 잠들었다.
오늘 저녁 어디서 모인다고 했지?"

"엉엉! 형아, 어떻게 하지? 큰일났지?"
"괜찮아! 어릴 땐 누구나 그런 실수를 해. 나도 너 만할 때
그런 실수를 많이 했었단다."
1호가 2호 손주를 다독이고 있습니다.

"짜릿한 맛은 충전기 전선만한 것이 없어요."
"그건…, 짜릿한 것이 아니고 찌릿찌릿한 거란다."
2호가 핸드폰 충전기마다 침칠을 해놔서, 제대로 작동하는
게 없네요.

"동생이 어디 갔지?"
"히힛, 요로케 숨으니 못 찾녕."
손주들이 숨바꼭질 놀이를 합니다.
2호가 어디 숨었는지 찾아보실래요?

"형아, 저거 너무 적지 않아?"
"글쎄 작년보단 적은데…, 요즘 불경기라서 그런가…?"
할아버지가 세뱃돈 봉투에 넣는 것을 손주들이 관심 있게 지켜보고 있습니다.

"형아, 이 정도면 괜찮은 조건이잖아?"
"글쎄…, 쓰시는 김에 조금만 더 쓰시라고 해보지?"
어린이 과자회사에서 광고모델 제의가 들어왔습니다.
아우는 받아들이자고 열심히 설득하지만, 형아는 마뜩해하지 않는 눈치입니다.

"안 돼! 아가들은 보면 안 되는 영화랬어!"
"난 이제 세 살이야. 한두 살 어린 애가 아니라고."
이제 설을 쇠어 1호 손주가 세 살이 되었습니다.
생후 1년 6개월 만에 세 살….

세뱃돈 모아서 형아한테서 인수한 중고 어린이 벤츠!
할배표 안전벨트 장착!
2호 손주의 표정이 행복해 보이지요?

오늘은 1호 손주가 어린이집에 처음으로 가는 날!
취재 나온 CNN 기자가 물었습니다.
"소감이 어떠세요?"
"글쎄요, 제가 없는 동안 울 할아버지가 잘 지내실라나 걱정이 됩니다."

3호 막내 손녀의 탄생!
할아버지도 설레지만 1호 오빠는 기대가 큰 모양입니다.
"히힛, 이 담에 누이동생이 크면, 집에 예쁜 친구들을 많이
데리고 오겠지."
생각만 해도 신나는 오빠!

"이크!", "에크!"
택견은 우리 고유의 무예!
1호, 2호 손주들에게 택견을 가르쳤습니다.
특수대원은 상대의 공격을 얼굴로도 막아냅니다.

새 봄을 맞아, 어린이 전용 에쿠스를 한 대 장만했습니다.
"하~ 배기가스가 조금도 없는 완전 무공해 자동차래!"
"우아~ 형아, 그런데 이 차는 왜 안 움직여?"
"어, 이건…. 할아버지가 있어야 갈 수 있어."

"형아, 이 배가 안전할까?"
"가만있어 봐, 코끼리를 먼저 태워보면 알 수 있을 거야."
특수부대 훈련 예산이 부족해서 2차 세계대전 때 썼던 상륙정으로 훈련합니다.
기관총 구멍이 아직도 선명하지요?

고된 하루 훈련이 끝나고 1호와 2호의 목욕시간.
특수부대원들은 치카치카도 박력 있게!

3호 대원의 합류로 훈련대원이 하나 더 늘어서 간단한 입교식을 거행하고 있습니다.
국민의례가 끝나고 이어서 할아버지 훈화시간!
주요 내용은 떼쓰지 말고 잘 먹고 잘 자라는 겁니다.
대원들! 잘 집중해서 듣고 있지요?

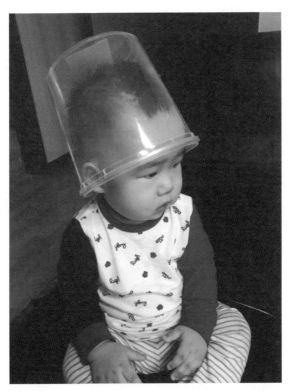

특수대원의 철모가 이래서야….
"내가 이러려고 특수대원이 되었나…?"
2호 손주의 표정이 착잡합니다.
방산비리의 참상을 실제로 겪네요.

"동생아, 네 친구들이 면회하러 언제 온대?"
"오빠, 아직은 안 된대. 기본훈련이 끝나야 면회된다고 그랬어."
오빠 손주가 맘이 급해 보이지요?

택견 품밟기가 아닙니다.
정월 보름날 지신밟기도 아닙니다.
카바레 댄스? 더더욱 아닙니다.
'손주 어르기'입니다.
우리는 이러면서 산답니다.

"제가 가서 직접 만나보고 오겠습니다."
오늘은 적진 침투 훈련!
특공대원 2호 손주가 로켓을 타고 용감하게 적진으로 들어갑니다.

"기상! 훈련시간이닷!"
"싫어요, 더 잘래요."
"여긴 특수부대다. 그래서 손녀딸이라고 봐주는 법은… 없… 아
니… 있다."
손주바보 할배 교관의 맘이 약해졌습니다.

오늘은 떠 있는 헬기에서 로프를 타고 내려오는
현수하강(레펠) 훈련!
엄청난 체력과 담력을 필요로 하는 위험한 기술입니다만…,
훈련하는 1호 손주의 표정이 여유만만하지요?

2호 손주는 고소공포증이 있네요.
레펠 훈련 전에 극복해야 합니다.
우선 할배 키 높이부터 차근차근…
'헉!…. 숨이 막혀…, 말… 말이 안 나와!'

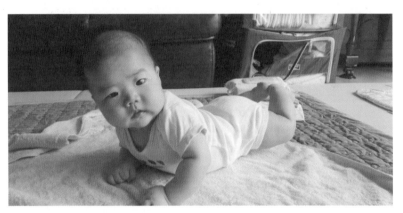

3호 손녀딸이 백일이 되자 뒤집기를 하네요.
이제 각개전투의 기본인 '좌로 굴레! 우로 굴러'를 시작합니다.
전혀 힘든 티를 내지 않고 즐거운 맘으로 따라하지요?

"하~, 할아버진 어쩜 이리 축구를 잘하세요? 도저히 수비를 뚫지 못하겠어요."
"조기축구를 열심히 하면 잘할 수 있단다."
손주를 이기는 할배는 없다지만, 오늘 제가 이겼습니다. 힛!
손주야, 춘천의 자랑 손흥민 선수처럼 자라주렴!

손주들이 축구 이야기꽃을 피우고 있습니다.
"손흥민 선수가 이렇게…, 이렇게… 샥샥 드리블링을 하더라고!"
"형아랑 영 딴판이던데?"
"오빠! 우리 다음 시합 때는 치맥 먹으면서 응원하자!"

"동생아, 저거 맛있겠지? 사달라고 할까?"
"형아, 먹는 거에 한눈팔지 마라. 왼쪽에 용의자가 나타났어. 아직은 못 본 척해!"
손주들이 보이스피싱 피의자 검거 지원에 나서서 잠복근무 중입니다.

"이름?"
"잘못했습니닷."
"주민등록번호?"
"용서해주십쇼."
드뎌 보이스피싱 피의자를 검거한 자랑스런 우리 손주!

오늘은 권투 스파링 훈련.
할아버지의 강펀치를 맞고 손주가 링 밖으로 떨어졌습니다.
"잉잉, 안할래요. 넘 아파요!"
"괜찮아, 이젠 살살 할게."
단단히 화가 났네요. 이걸 어쩌지?

특수부대원은 예술적 교양도 풍부해야 한다!
오늘은 교양 음악 훈련이닷.
"할아버지! 조율부터 다시 해야 할 것 같아요."
음악교육이 아가 두뇌발달에 큰 도움이 된다고 해서
40년 만에 꺼낸 기타!
이젠 손가락도 굳고…. 음…, 아무래도 안 될 것 같네요.

"햐~~ 나 저거 할래! 특수부대원은 힘들기만 해서 하기 싫어!"
3호 손녀딸이 아이돌 공연을 보고는 홀랑 반했습니다.
"어? 그러면 안 돼! 나라는 누가 지키라고…?"

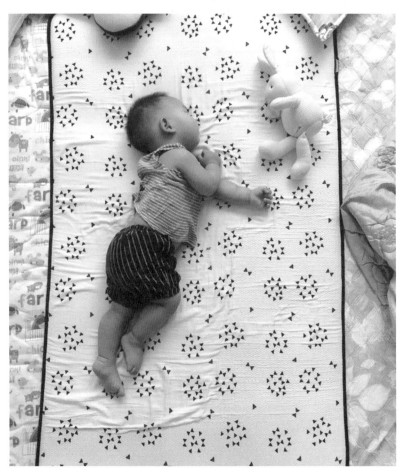

"일어나, 빨리! 경계병이 자면 어떡해? 순찰관이 온단 말야!"
"순찰관? 울 외할아버지야. 근데 넌 어떻게 그렇게 높이 점프를 할 수 있니?"
"우선 체중을 줄여야 해!"
"어…? 그건 좀 힘들겠는데…."
2호 손주가 단잠에 빠져 있습니다.

"음~~, 이게 큼직하고 좋은데. 어린이집에 입고 가야지."
"안 돼! 그거 할아버지 빤쮸야!"
요즘 손주들이 패션에 신경을 많이 씁니다. 아마 어린이집
에 여자 아가들이 새로 들어온 게 아닐까요?

테니스를 좋아하는 분들은 아십니다. 우리 1호 손주 스윙 폼이 얼마나 멋있는지를….
이제 곧 손주를 앞세우고 영국 윔블던, 호주 오픈, 프랑스 오픈, 미주 오픈을 휩쓸러 다
닐 생각을 하면 가슴이 뻐근해져 옵니다.
오늘도 우리는 행복한 착각 속에서 삽니다.(ㅎㅎㅎ 더위를 먹어서 그런가?)

"이번엔 내가 떠올게."
"아냐, 내가 물 당번이니까 내가 떠올래."
손주들이 서로 물 심부름을 하겠다고 다툽니다.
형제애가 좋다고요?
사실은… 힘든 훈련을 받는 것보단 물 뜨러 가는 것이 훨씬….ㅎㅎㅎ

스카다이빙은 특수부대원의 필수기술!
3호 막내 대원이 열심히 훈련을 하고 있지만, 비행기가 없어 실제 점프는 못할 듯.
방산 비리로 새나가는 예산만 막아도 우리나라는 선진강국

폭염 속에선 낮잠이 필수!
대원들이 거의 널브러져 자고 있습니다.
불침번 할배가 깨워보려 하지만 아무도 기척을 안하네요.

"흠~~ 이 대마를 어떻게 살리지? 큰일났네!"
"오빠, 할아버지를 불러올까?"
"형아, 그만하고 연속극이나 보자."
훈련을 끝낸 손주들이 인터넷 바둑을 두면서 휴식을 즐기고 있습니다.

할매님께서 한 쪽 다리를 싱크대에 척 걸치고, 그 위에는 손주가 앉아서 달걀프라이 간식을 만드는 과정을 감독합니다.
병참 담당 할매는 소림사 주방장 출신일지도….
그래서 할배는 할매 앞에선 꼼짝도 못한답니다.

하루의 고된 일과가 이제 끝나갑니다.
시원한 맥주, 아니 따뜻한 우유 한 잔씩 하고서 꿈나라로….
그런데 이 녀석들이 드라마를 보고 자겠다고 버티네요.

사랑에 빠진 외손주!
"할아버지, 제가 왜 이럴까요? 걔 생각만 자꾸 나네요."
"에! 그거? 사랑이 찾아와서 그래."
"아뇨, 걔 이름이 '사랑'이 아닌데요."

"저리 가! 따라오지 말란 말이야!"
"형아, 돼지를 겁내면 어떻게 해."
"무서운 게 아니라니깐. 냄새가 지독해서 그래!"
특수부대원은 절대로 돼지를 무서워하지 않습니다. 단지 냄새가 싫을 뿐!

조마조마한 페널티 킥 장면.
대스타 손흥민 선수도 떨려서 차마 보지 못하고 돌아서 눈을 가리고 있었던 그 순간!
특수부대원들은 떨린다는 것을 모릅니다. 그래서 두 눈을 똥그랗게 뜨고 집중하고 있습니다.

추석을 맞아 손주들이 각각 외갓집으로, 친가로 인사를 떠납니다.
벌써부터 송편 먹을 생각, 사촌들 만날 생각으로 들떠 있습니다.
"잘들 다녀오너라. 재롱도 많이 보여드리고⋯."
불과 사흘이지만 할애비 마음은 휑~하네요.

추석 휴가가 끝나서 2호 외손주를 친가에서 찾아오고 있습니다.
할배랑 할매는 신나하는데, 손주는 못마땅한 표정입니다.
낼부터 다시 강훈련이닷!

피가 되고 살이 되는 할배의 정신훈화시간!
지루한 손주는 한눈을 팝니다.
"오, 이게 무슨 냄새지? 할머니께서 맛있는 걸 만드시나 봐."
"형아. 잘 들어봐. 훈련이 빡세질 거 같아. 큰일났어!"

2호 손주가 오전 훈련을 받으러 출동합니다. 새로운 패션의
신발이냐고요? 집에도 저거랑 똑같은 신발이 또 한 켤레 있답니다
(좌우 색깔만 다를 뿐!).

슬기로운 3대 육아생활

3호 손녀가 기도를 하다가 잠이 들었습니다. "하나님, 맛있는 것 많이 주시고 재밌는 장난감도 많이 주세요. 잘 모르시겠으면 우리 할아버지한테 물어보세요. 할아버지가 잘 알고 있거든요."

책을 읽는 습관은 어릴 적부터….
우선 어린이 사서삼경부터 시작합니다.
몸과 마음을 정갈히 하고, 자세를 바르게 하여 읽다보면…
자신도 모르게 스르르 잠이….

GAP에서 주최한 '개구쟁이 사진 공모전' 최우수상 후보에 오를
2호 손주 사진!
'요구를 관철시키고자 하는 강렬한 몸짓을 잘 표현하고 있는데
다가, 창공을 날아 꿈을 펼치려는 이미지를 포함하고 있다'는 것
이 예상 심사평(?)입니다.

특수부대원들은 TV시청 군기도 엄정합니다.
짬밥 차이 8개월!
고참과 중참의 자세 차이가 확연히 다르지요?
(막내 3호는 앉지도 못하고 의자 뒤에 서 있어서 카메라에 안 찍혔음)

"형아~, 바둑 그만두고 나랑 놀자~."
"가만 있어봐, 대마를 잡았어!"
1호, 2호 손주 두 녀석이 모두 입원 중입니다.
의사는 폐렴기가 있다고 하는데, 할애비 눈에는 고된 훈련을 피하려는 꾀병
인 것 같습니다.

고된 훈련을 소화한 후 엄마와 잠든 2호.
이 세상 다 얻어, 부러울 것 없는 엄마!
이 세상 근심걱정 하나 없는 아가!

"야호! 드디어 설날이다. 나도 이젠 두 살이다!"
"난 세 살!"
2호와 3호가 좋아하지만, 막상 1호 손주는 시큰둥합니다.
"쳇, 내 나이 되어 봐! 한 살 더 먹는 게 좋지만은 않다고."

날씨가 추워지면 다시 캥거루 할배로 변신~, 이번엔 3호 손녀와 함께!

"형아, 어때? 좋은 생각이지?"
"그래! 기발하다! 당장 해 보잣!"
1호와 2호 두 녀석이 뭔가 꿍꿍이를 꾸미고 있네요.
숨겨놓은 초콜릿 간수를 잘해야겠습니다.

"빨리 빨리! 할아버지 오신단 말이야!"
1호와 2호의 진두지휘에 따른 초콜릿 탈취 작전!
"흐흐흐, 이 녀석들아! 이럴 줄 알고 미리 옮겨놓았지롱!"

깨알팁 걸음마 아기 목욕 시키는 쉬운 방법

아기의 성장속도에 따라 아기 욕조도 다양하게 있다는 걸, 난 이번에 처음 알게 되었다. 신생아 시절엔 아기가 얌전히 누워 있기 때문에 아기를 눕힐 수 있는 욕조를 썼는데 아기가 뒤집기를 시작하고 걸음마 연습을 하기 시작하면서 목욕 담당으로서 아기가 미끄러운 욕실에서 넘어지기라도 할까 걱정이 되었다.

그때, 가장 좋은 방법은 바로 빨래 바구니를 이용하는 것!

빨래 바구니 안에 아기를 세워두면 아기는 빨래 바구니를 붙잡고 얌전하게 서 있다. 그리고 빨래 바구니는 구멍이 숭숭 뚫려 있어서 샤워기로 목욕시키기도 안성맞춤이다.

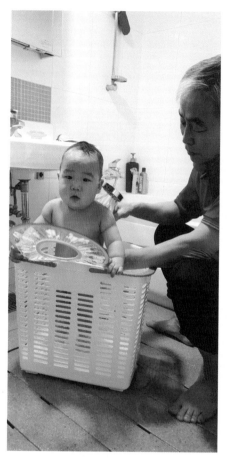

돌쟁이 아가는 빨래 바구니에 넣어 목욕시키면
편리하다.

깨알팁 카시트 적응훈련

자동차로 이동할 때 안전한 카시트에 아기를 태우는 것은 기본 중의 기본! 그런데 카시트에 앉는 것을 거부하고 우는 아기들이 꽤 있다. 이때 카시트 적응훈련을 이렇게 해보는 것은 어떨까?

우리는 지인한테 얻어온 중고 카시트 하나를 아이들의 우유 의자로 활용했다. 손주 셋이 한꺼번에 우유를 달라고 할 때 한 녀석을 카시트에 앉혀서 우유를 먹게 하다 보니, 손주들은 서로 카시트에 앉아서 먹겠다고 울고 싸우기도 했다. 이처럼 아이들이 기분 좋게 우유 먹을 때뿐만 아니라 TV 만화영화 등을 볼 때도 카시트에 앉아서 느긋하게 감상하시니, 우리 집에서 카시트는 손주들에게 꽤 인기가 높았다. 덕분에 자동차 탈 때 카시트에 타는 문제 역시 완벽 해결!

분유를 먹기도 하고, 쟁탈전이 벌어지기도 하는 카시트 현장

2부

함께육아용 전원주택 건축

전원주택 짓기의 A to Z

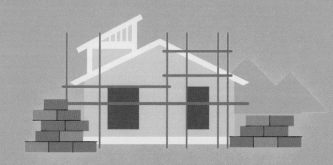

・ ・ ・

함께육아에서 시작된
전원주택 건축 프로젝트

삼총사가 네 살, 세 살, 두 살이 되자 온 집안을 쿵쿵거리며 뛰어다니기 시작하면서 우리는 아래층 눈치를 많이 보기 시작했다. 다행히도 아래층에서 뭐라고 한 적은 한 번도 없었지만, 아이들이 뛰어다닐 때마다 어른들은 마음을 졸일 수밖에 없었다. 요즘 층간소음이 공동주택 분쟁의 주요한 원인이라던데, 혹시 우리 아랫집도 말 못하면서 스트레스를 받고 있는 것은 아닌지 늘 마음이 쓰이고 면목이 없었다.

또 걷기보다는 뛰기가 익숙한 1호, 이제 막 걸음마를 뗀 2호, 바퀴 달린 범보 의자에 앉아 온종일 끌어달라고 떼쓰는 3호 모두에게 '뛰지 말고, 조용히 살금살금 걸어 다녀라'는 것을 요구하는 것도 무리였다. 어차피 그런 말을 이해할 수 있는 수준이 아니었다. 또한 아이들을 뛰지 못하게 하는 것 역시 도무지 나의 육아철학에 맞지 않았다. 자고로 아이들은 뛰놀면서 크는 것 아니겠는가?

하지만 아무리 뛰면서 크는 아이들이라고 해도 점점 커가는 손주들의 모습과 삼총사 모두가 쿵쿵거리는 것을 상상해 보니 아무래도 이렇게는 안 되겠다는 생각이 커져 갔다. 당시 아내와 나는 '이래서 아파트보다는 전원주택에서 아이를 키워야 해~'라고 노래만 부르고 있었다. 주말에 내려온 자녀들과 이런저런 대책회의를 하던 무렵이었는데, 추진력 좋은 사위가 전원주택 얘기를 그냥 하는 말로 지나친 게 아니라 실제로 춘천지역 내 여기저기 전세로 내놓은 전원주택들을 알아보고 이런 집이 있다고 설명해주기 시작했다. 일단 어떤 집이 있나 궁금하기도 하고, 우리 가족에게 딱 맞는 집이 있지 않을까 생각하면서 엉겁결에(?) 전원주택들을 둘러보게 되었다.

당초 우리가 전원주택 건축까지 계획한 것은 아니었다. 처음에는 아기들이 어릴 때만 잠깐 살기 위해 전세 매물 위주로 보러 다녔다. 그런데 전원주택이라는 것이, 집주인이 지을 당시의 상황에 맞게 지었거나 전문 건축업자가 수요가 많은 형태로 지은 것이 대부분일 수밖에 없다. 그래서 그런지 대부분 4인 가구에 맞추어 지은 집이 많았고, 평일에는 아이들만 있지만 주말이면 딸 부부와 아들 부부까지 9명의 가족이 북적이는 우리가 살기에 딱 맞는 집을 찾기는 여간 어려운 일이 아니었다.

그렇게 주말마다 전세 매물들을 보면서 조금씩 아쉬움이 커지기 시작했다. '아! 나라면 여길 이렇게 만들었을 텐데'라는 아쉬움이 들면서 슬슬 내가 우리 가족의 생활 형태에 맞는 집을 직접 건축하고 싶다는 생각이 들었다. 딸 부부와 아들 부부도 "집을 이렇게 지으면 좋겠다"라며 각자의 아이디어들을 내놓으면서 직접 건축 아이디어가 슬슬 탄력을 받게 되었다.

점점 일이 커지고 있었다!

토지 매매에서
전원주택 건축까지

일단 시중에 이미 지어진 집은 우리 가족의 특별한 생활 형태에 맞기 어렵다는 결론을 내리고부터는 주말마다 춘천에 온 딸 부부, 아들 부부와 함께 이곳저곳 토지를 보러 다녔다. 가장 적극적이었던 사위가 손품을 팔아 알아보는 것이 1차 선별작업이었다. 그중에서 적절해 보이는 곳을 몇 군데 골라 일정을 잡아 놓으면 시간에 맞춰 온 가족이 우르르 다녔는데, 가끔 차에서 줄지어 나오는 아이들을 보면서 웃음보가 터지는 공인중개사도 있었다. 토지 한 필지를 보러 갔는데 차에서 할아버지, 할머니, 딸, 사위, 아들, 며느리, 손주 1호, 2호, 3호가 줄지어 나오니 그럴 만도 했다. '누가 살 집인데요?' 물어보는 사람들도 많았다. 요즘 시대에 이렇게 대가족이 살 집을 구하는 사람은 찾아보기 어려우니, 으레 자녀 부부가 살 집을 알아보러 같이 온 것이려니 생각했을 것이다.

토지 찾아 삼만리

우리가 찾던 토지의 조건은 첫째 남향일 것, 둘째 전망이 좋을 것, 마지막으로 교통이 편리할 것이었다. 남향집을 지어야 겨울에도 집이 따뜻할 것이고, 마당에 앉아 차 한 잔 마시며 좋은 전망을 보는 우리 가족의 모습을 상상했기 때문이다. 또한 교통이 편리해야 서울에서 자녀들이 오가기에 좋고, 우리 역시 아이들 데리고 병원 다니기에도 좋을 것 아니겠는가? 그런데 전망이 좋으면서도 교통이 편리한 위치에 있는 토지를 찾기가 사실 쉽지 않았다. 그리고 이 세 가지 조건을 다 갖췄다면 가격이 비쌀 가능성이 높았다.

딸 부부는 인터넷으로도 열심히 알아보는 것 같았고, 나는 나대로 공인중개소 여러 군데에 문의를 하기도 하고, 돌아다니면서 길가에 붙여둔 매매 현수막도 유심히 살펴보면서 몇 주 동안 발품을 팔러 다녔다.

그러던 어느 주말, 만천리 쪽에 나온 필지를 보고 돌아오는 길에 드라이브 삼아 돌아다니다가 우연히 들른 곳에 택지 분양 사무소가 있었다. 그리고 그 토지를 본 순간 우리 가족은 모두 반해버렸다. 우리가 찾던, 전망 좋고 교통 편리한 남향의 토지가 그 자리에 있었다! 그 다음날 아내와 나는 바로 토지 매매 계약을 체결했다.

한눈에 반해서 계약한 직사각형 남향 토지의 측면 모습

우리도 하루 만에 매매 계약을 체결하긴 했지만, 계약 전에 반드시 체크해야 할 것은 다음과 같다.

특히 우리처럼 중개사 없이 직접 계약을 할 경우는 더욱 주의해야 하겠지만, 설령 중간에 중개사가 있더라도 매매 계약의 책임은 본인에게 있기 때문에 이 정도는 계약하기 전에 체크해보길 바란다. 건축을 의뢰할 건축사 사무소에 확인을 부탁하는 것도 좋다.

등기부등본 확인: 해당 번지의 토지 매도인과 계약하는지 확인하자. 이는 토지뿐만 아니라 모든 부동산 계약의 기본이다.

토지의 지목 및 용도지역 확인: 집을 건축하려는데 지목이 전, 답, 임야 등으로 되어 있으면 지목변경을 해야 하므로 변경 비용이 추가로 들 수 있다. 또한 용도지역을 정확히 알아야 주택 건축 시 건폐율, 용적률을 구해볼 수 있다. 즉, 주택의 바닥 넓이와 몇 층까지 지을 수 있는가를 따져볼 수 있다.

기반 시설: 토지의 상하수도, 전기, 가스 등이 들어올 수 있는지 확인해야 한다. 당연한 말이지만 이런 시설이 갖추어져 있지 않으면 추가 비용이 든다.

인접 도로 확인: 시청의 도로대장을 확인해서 토지와 인접한 도로가 공용도로인지 사로인지 확인해야 한다. 사로일 경우 자칫 토지가 맹지가 될 수도 있다.

설계를 하다

토지를 결정하고부터는 바로 건축사 사무소에 의뢰해서 설계를 시작했다. 전원주택의 시공 형태는 다양하지만 우리는 튼튼하게 철근 콘크리트로 (3층 다락방이 있는) 2층 주택을 짓기로 했다.

이때 우리 가족들의 요구사항은 다음과 같았다. 이런 부분들을 함께 고민하며 우리 가족의 집을 함께 구상해나가는 재미가 쏠쏠했다.

나	철저한 단열 그리고 안전이 가장 중요하다!
아내	주방 옆에 큼지막한 다용도실이 있었으면 좋겠다.
딸 부부	1층과 2층 사이에 소통이 잘되도록 1층 거실 천장이 뚫려 있으면 좋겠다.(스킵 플로어 구조)
아들 부부	다락방에는 별을 볼 수 있는 창이 있으면 좋겠다.

단열 부분은 눈에 보이진 않지만 사실상 주거의 질에 큰 영향을 미친다. 전원주택을 지으면서 가장 염려된 부분이 겨울철 난방비이기도 했기 때문이다. 때문에 건축 감독 시 특히 단열 공사를 꼼꼼히 점검

했다. 우리는 지열난방을 선택했는데 다행히도 첫 겨울을 지나고 보니 아파트에 살 때보다도 난방비가 더 낮게 나와서 좋은 선택이었다고 생각한다.

전원주택을 건축할 때 다들 벽난로를 한번쯤 상상해볼 것 같다. 우리 가족의 로망이기도 했던 벽난로는 수많은 논의 끝에 결국 설치하지 않기로 결정했다. 화재의 위험과 실내에서의 미세먼지 발생 가능성이 염려되었기 때문에 손주들의 안전을 위해 모험은 하지 않기로 했다. (실내 벽난로에서 군고구마 구워 먹기 로망을 포기한 대신 훗날, 사위는 이중국통이라는 멋진 캠프파이어통을 사와서 우리 가족은 매 주말 마당에서 캠프파이어를 즐기게 된다!)

드디어 건축 시작!
고생길 시작

설계도가 완성된 후 3월부터 터 고르기를 시작했다. 3월 초부터 공사를 시작했는데 우리가 입주한 날은 8월 초이니 공사가 5개월이나 걸린 셈이다. 애당초 계획보다 꽤 늦어져서 우리의 이사 날짜도 두 번이나 연기해야 했다. 뭐든지 계획대로 안 되는 건 건축도 마찬가지이니 항상 여유 있게 기간을 잡도록 하자.

3월부터 터 파기, 방수 작업, 줄 기초 작업을 시작했다. 1층 벽을 세우기 시작할 때 즈음부터 나는 매일 새벽에 일어나서 현장에 갔다. 건축주로서 공사 진행과정을 매일 확인하기 위함도 있었지만, 건축비를 아끼기 위해 마당을 셀프로 조성해야 했기 때문이다.

인부들이 집을 짓는 동안 나는 마당을 골라서 수평을 맞추고 돌을 하나하나 놓았다. 그리고 목재를 주문해서 직접 방수 처리를 한 후 울타리와 파고라를 만들었다.

주말에는 아들과 사위가 와서 함께 고생을 많이 했다. 주중에 직장에서 일하느라 피곤했을 텐데 주말마다 공사현장에서 중노동(?)까지 해야 했으니 그때 아들과 사위는 내색은 안했지만 꽤 힘들었을 것이다.

건축 현장의 모습

아들, 사위가 합세해서 직접 만든 울타리

손수 하나하나 놓은 마당의 돌

5월부터는 더위도 공사현장의 어려움에 한몫하기 시작했다. 날씨가 굉장히 더워지면서 공사현장에 있는 분들도 더위 때문에 애를 먹었다. 하루 종일 땡볕에서 일하는 우리를 위해 아내와 누님은 매일같이 오후가 되면 수박화채를 공사현장으로 날라줬다. 공사장 인부들과 함께 더운 여름 오후에 먹는 시원하고 달달한 수박화채 맛은 최고였다.

주말이면 온 가족이 집터에 가서 일손을 돕기도 하고 아이들은 흙장난도 하고 돌로 바닥에 그림도 그리며 놀곤 했다. 저녁때쯤 더위가 한 풀 꺼질 때면 우리는 아직 아무것도 완성된 게 없는 마당에 돗자리를 깔고 누워서 쉬면서 집의 완성된 모습을 그려보기도 했다.

함께육아용 전원주택 건축

3부

전원주택 캠핑육아

매 주말 불멍과 함께 활력 재충전

• • •

전원주택
육아 라이프

5개월에 걸친 공사가 마무리되면서 드디어 2019년 8월 초에 우리 가족은 새 집으로 이사를 했다.

사실 이사하는 날까지도 완벽히 마무리가 되지 않아서 첫 며칠 동안은 더운 물이 나오지 않는 등 약간의 미진함이 남아 있었다.(한여름이라 뜨거운 물이 필요하지 않아서 천만다행이었다.) 이사한 첫날 손주들은 새 집이 낯설었는지 "우리 집엔 언제 돌아가요?" 묻더니 이내 적응해서 깔깔거리고 뛰어다니기 시작했다.

이제 2년 반 넘게 전원주택에서 지내는 동안 우리 가족들의 실거주 만족도는 200%인 것 같다. 구체적인 장단점을 정리해보자면 다음과

정리정돈에 일가견이 있는 누님이 깔끔하게 치워주신 아이들 놀이방. 그러나 이날 이후 이런 방 상태는 본 적이 없다는 사실!

같다.

• 장점 1 • 뛰어놀기 좋은 환경

아이들한테 뛰지 말라고 잔소리할 필요가 없다는 게 가장 큰 장점이 아닐까? 사실 이 이유 때문에 전원주택을 알아보게 되었고, 직접 건축해서 이사까지 할 큰 결심을 했으니 말이다. 집 안에서 마구 뛰어놀아도 좋지만 마당에서 공을 차거나 비눗방울 놀이를 하기에도 좋다. 아침이면 손주들이 마당에서 '무궁화꽃이 피었습니다'를 한판씩 하고 신나게 어린이집으로 가곤 한다.

집 안에서 1호, 2호 손주들과 마음껏 공놀이를 해도 층간소음 걱정없음!

어린이집 가기 전 '무궁화 꽃이 피었습니다' 한판 중

  사실 손주 녀석들 핑계를 주로 댔지만 이사를 하고 보니 나의 취미
인 색소폰 연주를 즐기기에도 그만이다. 색소폰은 워낙 소리가 커서
아파트에서 연주하기엔 조심스럽기 때문이다. 다락방에서 할아버지가
색소폰 연주를 하면 손주 녀석들은 신나게 춤을 추며 흥을 돋운다.

다락방 연주회: 할아버지 색소폰 연주에 맞춰 춤추는 삼총사

• 장점 2 • 매일 새로운 하루, 실감나는 계절의 차이

아침마다 새소리가 들리고 사계절을 온몸으로 느끼는 환경 또한 큰 장점이다. 사실 아파트에 살 때는 계절의 변화를 이렇게 민감하게 느끼지 못했는데 전원주택에 살아보니 계절마다 아침에 일어나면 보이는 색깔도, 공기의 온도도 달라서 매일 조금씩 계절이 변하고 무르익어가는 것이 느껴진다.

아이들 역시 봄이면 꽃이 피고, 여름이면 잔디가 파릇하게 자라고, 가을이면 단풍이 들고, 겨울이면 눈이 오는 계절의 변화를 매일 눈으로 보며 온몸으로 겪어 나간다.

할아버지와 봄맞이 꽃 심기 중인 1호와 3호 손주

여름이면 물놀이도 제격

여름에는 마당에서 비눗방울 놀이하기

가을 단풍 드는 산과 우리집 풍경

눈 내리는 겨울의 마당 풍경

눈 내린 한겨울에도 특수부대원 훈련은 계속된다.

• **장점 3** • 다양한 체험과 감성의 시공간

아이들에게 다양한 체험과 감성을 선물할 수 있다는 것도 큰 장점이다.

우리는 마당 한 켠에 작은 텃밭을 마련해서 아이들과 파, 고추, 상추, 깻잎, 방울토마토, 블루베리 등을 농사를 지었다. 아침에 일어나면 손주들은 "상추야 잘 잤니?" 인사하기도 하고 어린이집에 가기 진에 방울토마토와 블루베리를 따먹고 가기도 했다.

텃밭을 지키는 정의의 사도 번개맨 2호

3호 손녀와 함께 공중에 매달린 수박 따기

    그리고 마당 한 구석에는 아내의 요청으로 부뚜막 가마솥을 설치
했다. 여기서 이따금씩 사골국을 한 솥 가득 끓여서 아이들이 사돈댁
에 갈 때 같이 보내드리곤 했는데 인기 만점이었다. 부뚜막 가마솥 체
험과 눈이 소복이 쌓인 장독대 풍경 등 이제는 도시에서 찾아보기 힘
든 감성을 아이들이 느껴볼 기회를 주는 것도 보람차게 여겨진다.

겨울날 부뚜막 가마솥에 불을 지펴 보는 것도 따뜻하고 즐거운 경험이다.

눈이 소복이 쌓인 장독대 모습

겨울잠 자는 중인 개구리도 보고.(히익! 개구리 너 삼총사한테 들키다니 얼른 도망가야
겠다.)

• **장점 4** • 감기에 걸리지 않는 아이들

전원주택으로 이사 온 후 가을, 겨울 환절기를 겪는 동안 우리 가족이 신기하게 생각한 부분은 아이들이 감기에 걸리지 않았다는 점이다.

아이들이 셋이나 어린이집에 다니다 보니 한 녀석이라도 콧물을 훌쩍이기 시작하면 결국 세 녀석 다 병원에 가서 약을 타오는 게 일상이었는데 말이다.

특히 겨울철이 되면 아파트는 굉장히 건조해져서 가습기가 필수인데 주택은 상대적으로 덜 건조하게 느껴졌다. 아이들이 감기에 안 걸린 이유가 아파트보다 주택이 습도가 높은 편이라서 그랬던 것 아닐까, 라고 우리 가족은 생각하고 있다.

• 장점 5 • 어른들은 주말마다 바비큐 파티

함께육아를 하다 보니, 그 구성원이 어른 6명(아이들의 고모할머니까지 사실은 7명)에 아이들 3명까지 모이면 잔칫날이 아닌 날이 없다. 1년이 365일이라고는 하지만 주일로 보면 52주밖에 안 되니까 한 주는 아내 생일, 한 주는 1호 생일, 어떤 날은 아들 승진, 어떤 날은 딸 이직 등 기념하고자 하면 매주가 특별해진다. 사람 사는 세상, 당연히 우리 가족에게 매번 좋은 일들만 가득한 것은 아니지만 좋은 일은 기념하고, 아쉬운 일은 위로하면서 매주 우리만의 작은 '파티'를 연다. 전원주택으로 이사하자마자 호기심 많은 사위가 집 짓고 남은 벽돌을 세워 어설프게 제작한 화덕으로 우리 가족의 첫 바비큐가 시작되었다.

새 집 첫 바비큐를 앞두고 고기를 기다리는 배고픈 삼총사(불판 위 고기 한 점은 과연 누가 먹을까?)

여러 차례 화덕을 만들어 보던 사위가 어떻게 해야 바비큐를 더 잘했다고 소문날지를 고민해 보더니 그 후 이중국통이라는 것을 사왔다. 처음엔 우리 가족 모두 이걸 보고 "이건 뭐에 쓰는 물건인고?" 하며 신기해했는데 쓰면 쓸수록 물건이라는 생각이 들었다. 우리 가족의 바비큐는 이중국통의 전과 후로 나뉜다고 해도 과언이 아니다.

이중국통은 말 그대로 국통을 이중으로 겹쳐 만든 화덕으로 로켓스토브의 원리를 이용해서 불이 완전 연소할 수 있도록 만들어졌다. 여기에 불을 피우면 화력이 엄청나게 셌다.

국통이 이중으로 겹친 모양 덕분에 이중국통으로 불리는 화덕

주말이 되면 사위와 아들이 함께 이중국통에 일단 불부터 피우고 그다음에 뭐 구워 먹을 것 없나, 하고 집안 곳곳을 뒤지며 어슬렁거리는 광경을 볼 수 있다. 우리 가족은 거의 매 주말 이중국통에 고기나 생선, 고구마도 구워 먹고 화력이 세야만 할 수 있다는 중화요리도 해보고 그 이후엔 캠프파이어를 하며 '불멍' 속 재충전의 시간을 갖는다.

이중국통를 활용한 꼬치구이. 하나씩 구워 먹는 재미가 있어 아이들도 무척 좋아한다.

이날의 메뉴 막창구이와 소주 한잔을 즐기는 사위와 아들

　평일이면 서울에서 일하고 주말에야 제 자녀들을 보러 오는 딸 부부와 아들 부부는 피곤할 텐데도 매주 불을 피우는 것을 보면 나름대로 이 집에서 주말마다 힐링을 하고 가는 게 아닐까? 힐링을 위해 어떤 사람들은 일부러 주말에 캠핑도 가고 멀리 여행도 가는데, 그래도 제 자녀들을 보러 와서 제 마음도 돌보고 가니 참 다행이다.(가끔은 춘천에는 '영혼'을 두고 몸만 서울로 가는 것은 아닌지 걱정도 된다.)

주말마다 캠프파이어와 불멍을 즐기려면 이 정도 장작은 필수!

• 단점 • 작은 생명체들의 존재

전원주택 캠핑 육아의 단점은 바로 모기떼! 산 바로 아래에 있어서 인지 봄이 되고 날씨가 풀리면 잔디밭에 나가 잠시 뛰기만 해도 모기떼가 달려든다. 나를 물면 차라리 괜찮은데 이 모기들은 도대체가 우리 손주들만 사정없이 물어대는 것이다. 그래서 준비한 것은 바로 모기기피 스프레이와 모기퇴치용 패치. 아기들이 잔디밭으로 나가기 전에 모기기피 스프레이를 옷과 신발 위에 뿌려주거나 스티커 형식으로 된 모기퇴치 패치를 붙여준다. 바비큐를 할 때에도 근처에 모기향을 몇 군데 피워두기도 한다. 출입문마다 모기장을 달아두고 또 아이들 방 안에는 모기퇴치기를 설치했더니 한결 나아졌다.

· 단점 · 육아에 더해 화초 가꾸기, 잔디 관리하기 등 끝없는 집안일

사실 누구나 알고 있듯이, 모든 일에는 장점과 단점이 있다. 그리고 그 장단점은 자세히 관찰해 보면 결이 같다. 계절을 느낄 수 있는 환경, 자연 그대로를 온몸으로 맞이하는 전원주택의 장점은 한편 뒤집어 보면 '계절맞이'라고 할까, 계절마다 해야 할 일들이 있다는 뜻이 된다. 봄맞이 잔디 심기, 여름맞이 온실 청소, 가을맞이 열매 수확, 겨울맞이 제설장비 점검 등, 본래 육아를 잘하기 위해 집을 지었지만 육아 못지않게 주택 관리에도 품이 든다.

주말마다 오는 아들에게 일을 좀 시켰더니, 전원주택은 자기와 같은 맞벌이 부부에게는 적절한 주거형태가 아닌 것 같단다. 평일에 매일 출근해서 일을 하니 주말에는 좀 쉬고 싶은데, 주말에 힘쓰면서 할일이 많으니 그럴 만도 하다. 기본적으로 계절의 변화에 따라 해야 할 일들에, 우리 병참 담당 아내가 좋아하는 꽃을 마당에 조금 심고, 아이들이 좋아하는 블루베리나 방울토마토 같은 과일, 채소까지 소소하게 심어 텃밭까지 가꾸려면 그래도 꽤 일손이 필요하다.

겨울에는 눈이 오고, 눈이 오면 썰매를 타고…. 겨울맞이에 신난 아이들의 월동준
비.^^ 하지만 할아버지의 월동 준비는….

4부

그 후 이야기

오잉? 집 지어놨는데
어딜 간다고?
(분명히 열 살까지 맡아주겠다고 했건만!)

손주 셋을 키우는 동안 주변 지인들한테 "언제까지 손주들을 키워 줄 거냐?"라는 질문을 종종 받곤 했다. "글쎄요, 한 열 살까지는 우리 가 할 수 있지 않을까?"라고 답변을 하긴 했지만 사실 우리 가족이 언 제까지 이런 생활을 할지는 아무도 확답할 수 없었다. 알 수 없는 미래 이기도 하고, 이 귀여운 손주들과 시끌벅적하지만 매일 새로운 일상이 끝날 수도 있다는 것을 받아들이고 싶지 않은 마음도 컸다.

그런데 결국 내가 두려워했던 그날이 오고야 말았다. 아들 부부가 안정적인 주거환경을 마련하고 아이들을 데려가기로 했기 때문이다.

말이 쉽지, 무려 5년 동안이나 주중에는 회사에 다니며 일을 하고, 주말마다 한 주도 빠짐없이 춘천에 와서 아이를 돌본다는 게 쉽지만은 않았을 것이다. 그리고 그동안 주중에 아이들이 얼마나 보고 싶었을까? 이제는 자기네 식구끼리 자기네 살림을 하며 오손도손 살아보고 싶었을 마음이 이해가 갔다.

제 부모랑 살게 되었으니 손주들에게는 분명 잘된 일이고, 나에게도 이제 그동안 손주 보느라 못했던 일들을 할 수 있는 자유로운 시간이 생길 테니 기뻐해야 마땅한 일인데 마음 한 켠에서는 서운한 마음이 들기도 했다. 이제 집에 1호, 3호가 없다니? 나의 서운한 마음은 1호, 3호와도 통하지 않을까? 아이들도 제 부모 따라가지 않고 할아버지, 할머니와 살겠다고 하는 것 아닐까?

왠지 그동안 품에 꼭 안고 있던 손주를 뺏기는 기분이 들어서 아들 부부에게는 아침마다 회사 다니랴, 애 어린이집에 보내랴, 살림하랴 너무 힘들면 언제든지 아기들을 돌려보내도 된다고 몇 번을 당부했다. 그리고 손주 녀석들에겐 매주 꼭 할아버지, 할머니를 보러 다섯 밤만 자면 춘천에 오기로 약조를 받아 놓기도 했다.

역시 모든 걱정은 할아버지의 착각이었다. 1호, 3호가 서울에 간 지 하루 만에 전화를 걸어 아들 부부에게 "아이들이 할아버지 보고 싶다고 울지 않았니?" 하고 물어보니 울지도 않고 할아버지를 찾지도 않았다고 했다. 이럴 수가. 내가 그동안 키운 정이 있는데! 아이들이 야속했다. 사흘날에 전화를 걸어 또다시 아이들이 할아버지 보고 싶다고

옛날 옛날에 말이야…라고 이야기를 시작하면 귀쫑긋하는 아이들

울지 않았니? 물어보니 그간 밤에 온갖 옛날이야기들을 들려주며 재
워줬던 3호 손녀가 할아버지가 보고 싶다며 잠자리에서 나를 찾았다
고 했다. 음. 그럼 그렇지!

　아이들이 올라간 다음 주말에는 집들이 겸 손주 녀석들의 짐을 가
져다주러 서울 집에 다녀왔다. 다녀오는 길에 주책없이 눈물이 날까봐
걱정했는데 아들네가 바로 그 주말에 내려오겠다고 해서인지 편안한
마음으로 돌아올 수 있었다.
　그리고 서울로 올라가서 첫날밤을 지낸 막내 3호가 아침에 일어나
더니 고개를 갸우뚱하며 했다는 이야기를 듣고 우리 가족 모두는 또
한 번 크게 웃었다. "엄마, 아침에 여기는 왜 새소리가 안 들려요?"

따로 또 같이
함께육아는 계속된다

이제 1호와 3호, 두 녀석들이 제 엄마, 아빠를 따라간 지 수개월이 지났다. 1호와 3호 모두 변화된 생활에 적응은 잘할지, 엄마, 아빠 따라다니느라 새벽부터 저녁까지 어린이집에 있다더니 다시 춘천으로 돌아온다고 하는 건 아닌지 걱정했는데 다행히 네 식구가 그럭저럭 잘 지내는 것 같다.

또 삼총사였다가 홀로 남겨진 2호 녀석도 형아랑 동생이 떠나가서 혼자 쓸쓸해하진 않을까 걱정이 되었는데 이 녀석 역시 다행히 씩씩하게 잘 지내서 마음이 놓였다.

그런 걸 보면 지금의 변화 역시도, 살면서 겪어온 수많은 변화 중에 하나로 받아들이면 될 테다. 지난 5년간 아내, 누님과 또 자녀들과 함

저녁식사 후 1호, 2호 손주들과 동화책을 읽던 소중한 일상

께 손주들을 키운 육아 경험이 너무도 생생하고 강렬하여, 지금 당장
은 집 떠난 손주들로 인한 허전함이 크지만 지근거리에서 가족과 함께
하는 일상이 있었다는 것만으로도 얼마나 소중한지 떠올려보곤 한다.

또한 아들 부부는 1호, 3호 손주들과 함께 거의 격주로 놀러와서 함
께 육아 및 주말 캠핑 라이프를 계속하고 있다. 2호는 외숙모가 오는
금요일을 손꼽아 기다리며 늦게까지 졸린 눈을 비비면서 기다리기도
하고, 1호와 3호는 주말이면 으레껏 춘천으로 캠핑을 가는 줄로 알고
있다고 한다. 녀석들이 내려오는 주말이면 집안이 시끌벅적해지고 아

이들의 웃음소리, 떼쓰는 소리, 지네끼리 다투고 우는 소리로 가득해지며 집안에 활기가 도는 느낌이다.

이 아이들을 보면서 함께 육아를 했던 5년간의 시간이 우리 가족 모두에게 따뜻한 시간과 공간으로 기억되었으면 하는 바람을 가져본다. 특히 손주들에게는 춘천 전원주택에서 모두 함께 지내며 부대낀 유년 시절이 기억의 저편에 뭉근하게 자리 잡아 마치 꺼지지 않는 화롯불처럼, 살아가는 데 힘이 되어주길 바란다. 나 역시도 손주들을 키우면서 다시 한번 부모가 되어 아이를 키우는 느낌을 받았다. 뭐든지 나와 아내에게 의지하는 순수한 존재를 보면서, 육아는 분명 체력적으로 힘든 일이지만 아이들 눈에 뭐든지 할 수 있는 존재로 보인다는 게 힘이 났다. 그래서 훌쩍 지나간 시간 동안 힘든 줄도 몰랐다.

얼마 전 3호 손녀는 서울로 가져간 장난감 인형 다리가 부러졌다면서, 할아버지는 뭐든지 고칠 수 있으니까 할아버지에게 고쳐달라고 하려고 가져왔다며 부러진 장난감을 들이밀었다. 그리고 다 고친 장난감을 받아들고는 역시 할아버지는 슈퍼맨이라면서 의기양양하게 돌아갔다.(손녀 머릿속에 자리 잡은 슈퍼맨 할아버지의 체면이 구겨지는 것은 차마 견딜 수 없어서 똑같은 새 장난감을 사다가 할아버지가 다 고쳤다고 한 것은 훗날 3호 손녀가 이 글을 읽을 수 있을 때까지 비밀이다.)

아기들과 함께한 마법과도 같았던 시간들이 영원히 기억되길 바라며

　　아이들이 크면서 점차 춘천에 할머니, 할아버지를 보러 오는 주기도 뜸해지겠지만 이 또한 우리 가족의 자연스러운 성장과정일 것이다. 앞으로도 우리 가족이 언제, 어디에 있든 우리가 함께 만든 보금자리에 와서 편안히 재충전하면서 따로 또 같이 라이프를 계속할 거라고 믿는다. 인생은 그렇게 계속되는 법이니까.

딸 부부의 이야기

이 책은 새로운 가족의 탄생기가 아닐까요? 보통 아들딸이 결혼해서 출가하면 각자의 가정 위주로 살아가는 모습이 일반적일 텐데, 우리는 흩어져 살던 가족들이 함께육아를 빌미로 주말마다 모이게 되면서 마치 새로운 가족으로 재탄생한 것 같습니다. 더 많은 추억을 공유할 수 있게 된 건 덤이고요.

사랑 많으신 부모님, 그리고 저를 항상 딸처럼 아껴주시던 고모와 함께육아를 하면서 어렸을 때 생각이 많이 나기도 했어요. 자식들한테 잔소리하는 일 없이 항상 응원해주시고 오직 따스한 사랑만 아낌없이 부어주시던 그 모습 그대로 손주들을 키워주시는 모습을 보면서 제가 받고 자란 사랑이 다시금 떠오릅니다. 그런데 딸이란 존재는 왜 친정 부모님께는 툴툴대기만 하게 되는지…. 오늘도 제대로 표현하지 못한 그 한마디, 엄마, 아빠, 고모 너무나 사랑하고 감사한다는 말을 여기에 남겨봅니다.

함께육아를 하다 보니 남동생 부부와도 육아동지로 훨씬 더 친해질 수 있었다는 점이 좋았습니다. 아들(남동생)과 딸인 저에 비해서 며

아기들과 함께한
춘천 구곡폭포 등산

느리와 사위에게는 아무래도 시댁과 처가댁을 매 주말 가는 것이 쉬운
일이 아니었을 텐데요. 그럼에도 불구하고 주말마다 대가족이 사이좋
게 함께육아, 캠핑육아를 할 수 있었던 것은 좋은 사람들이 가족이 되
어준 덕분이라고 생각해요. 나이는 저보다 어리지만 훨씬 더 성숙하
고 지혜로운 올케를 가까이서 지켜보면서 저렇게 좋은 사람이 우리 가
족이 되었다는 데 새삼 감사하고 남동생의 사람 보는 눈을 칭찬해주고
싶습니다. 그리고 저 또한 좋은 사람을 남편으로 또 우리 가족으로 맞
이해서 행복한 함께육아를 할 수 있었다는 점을 큰 복으로 여기고 있
고요.

　우리 가족이라고 해서 일상의 매순간들이 동화책처럼 행복하기만
한 것은 아니고 울퉁불퉁한 순간들도 당연히 있었습니다. 앞으로도 그
럴 테지요. 하지만 인생이라는 큰 산을 올라갈 때 손잡아주고 등 밀어
주는 이들과 함께 한다면 훨씬 의미 있는 등반이 될 거라고 믿고 오늘
도 한걸음 한걸음 떼어봅니다.

아들 부부의 이야기

그러니까, 생각할수록 참 이상한 일입니다.

이 작은 아이들이 우리 삶에 등장한 지 고작 6년 남짓인데, 아이들이 있기 전 우리들의 모습은 어땠는지 기억하기가 쉽지 않습니다. 매번 즐겁게 웃었던 일은 아이들 덕분인 것만 같고요.

어떻게 보면 저희는 내내 정답만을 찾아서 살아오다가, 아이가 생기고부터는 정답이 없는 일들이 더 많아져서 늘 당황할 수밖에 없었습니다. 그런 여정이 시작될 무렵부터 부모님께서 함께해 주시며 중심을 잘 잡아주셔서 얼마나 감사했는지 모릅니다.

고모님까지 포함하여 7명의 어른과 3명의 아이들이 우리들의 육아공동체 안에서 힘겹지만 즐겁게 지내온 5년간의 일상. 매주 춘천을 오가면서도 아이들만 맡겨놓아 죄송한 마음이 컸는데, 책에 내어놓은 소중한 사진들을 보니 사진 너머에 담겨 있는 이야기가 그려집니다. 부모님께서 그간 많이 힘드셨겠지만 그래도 이렇게 마음 따뜻하고 생기 있는 순간들이 있었구나, 우리 아이들이 할머니, 할아버지께 웃음도 드렸구나 하는 마음에 다행이라는 생각도 조금은 듭니다.

↑ 소시지 꼬치구이도 제법 능숙한 아이들

← 팔은 부러졌지만 등산쯤이야!

아이들은 무럭무럭 자라면서도 한 번씩 걱정을 안겨줬습니다. 한 여름에 찾아온 1호와 2호의 장염으로 먹기만 하면 기저귀 밑으로 응가가 새던 날도, 1호와 2호가 폐렴으로 일주일이나 입원했던 날도, 전원 주택으로 이사하고 얼마 지나지 않아 1호가 팔로 계단을 짚으며 내려오다가 팔이 부러졌던 일도 있었지요. 걱정스러운 눈길로 바라보면 병원에서 농구를 하며 깔깔 웃고, 팔이 부러졌어도 등산도 하고 꼬치구이도 하는 의기양양한 모습에 덩달아 웃음이 터져버렸습니다.

연년생 아이 셋 육아에, 주말 대가족 살림까지 도맡아 해주신 부모님께 정말 감사하다는 말씀을 빼놓을 수 없겠지요. 덕분에 아이들은 할머니, 할아버지와 살면서 해가 지면 그림자놀이도 하고, 계절이 바

↑ 해가 지면 인기가 좋아지는 그림자놀이

올겨울은 이 청국장으로 →

뀌면 청국장도 만들어 보며 저희와 함께 있었다면 하기 어려운 많은 경험을 하며 자랐습니다.

　지금 이 순간에도 한 뼘씩 자라나고 있는 아이들은 할머니 할아버지를 떠올릴 때면 이따금 저녁에 캠프파이어를 했던 날들과 함께 뜨겁게 사랑받은 기억이 떠오르겠지요. 그리고 부모님께서 지으신 전원주택이 마음 깊은 곳에서 생의 베이스캠프로 자리잡고 있을 것입니다. 저희와 마찬가지로요.

　우리들의 이야기는 계속됩니다. 올겨울에는 아이들과 함께 할아버지를 닮은 눈사람을 만들러 춘천에 가야겠습니다. 다음 봄에는 꽃을 심으러 가고요. 다음 여름에는 할아버지가 만들어주신 풀장에 물놀이를 하러 가고…. 그렇게 저희는 계속 '함께육아', '캠핑육아'를 해나갈 생각입니다. 부모님께서 들으시면 깜짝 놀라시겠지요? 이미 서울로 보낸 줄 알았는데 말입니다. 따로 또 같이, 함께육아는 계속됩니다!